1+X 职业技能鉴定考核指导手册

计算机操作

四级

编审委员会

主　任　　张　岚　魏丽君

委　　员　　顾卫东　葛恒双　孙兴旺　张　伟　李　晔

　　　　　　刘汉成

执行委员　　李　晔　瞿伟洁　夏　莹

中国劳动社会保障出版社

图书在版编目（CIP）数据

计算机操作：四级/人力资源社会保障部教材办公室等组织编写. -- 北京：中国劳动社会保障出版社，2018

1＋X职业技能鉴定考核指导手册

ISBN 978-7-5167-3649-4

Ⅰ. ①计… Ⅱ. ①人… Ⅲ. ①电子计算机-职业技能-鉴定-自学参考资料 Ⅳ. ①TP3

中国版本图书馆 CIP 数据核字（2018）第 206116 号

中国劳动社会保障出版社出版发行

（北京市惠新东街 1 号　邮政编码：100029）

*

北京市艺辉印刷有限公司印刷装订　新华书店经销

787 毫米×960 毫米　16 开本　3.75 印张　57 千字

2018 年 9 月第 1 版　　2018 年 9 月第 1 次印刷

定价：12.00 元

读者服务部电话：（010）64929211/84209101/64921644

营销中心电话：（010）64962347

出版社网址：http://www.class.com.cn

版权专有　　侵权必究

如有印装差错，请与本社联系调换：（010）50948191

**我社将与版权执法机关配合，大力打击盗印、销售和使用盗版
图书活动，敬请广大读者协助举报，经查实将给予举报者奖励。**

举报电话：（010）64954652

前　言

推行职业资格证书制度，对广大劳动者系统地学习相关职业的知识和技能，提高就业能力、工作能力和职业转换能力有着重要的作用和意义，也为企业用工和劳动者自主择业提供了依据。

随着我国科技进步、产业结构调整和市场经济的不断发展，特别是加入世界贸易组织以后，各种新兴职业不断涌现，传统职业的知识和技术也越来越多地融进当代新知识、新技术、新工艺的内容。为适应新形势的发展，优化劳动力素质，上海市人力资源和社会保障局在提升职业标准、完善技能鉴定方面做了积极的探索和尝试，推出了1＋X培训鉴定模式。1＋X中的1代表国家职业标准，X是为适应经济发展的需要，对职业标准进行的提升，包括了对职业的部分知识和技能要求进行的扩充和更新。1＋X的培训鉴定模式，得到了国家人力资源社会保障部的肯定。

为配合开展的1＋X培训与鉴定考核的需要，使广大职业培训鉴定领域的专家和参加职业培训鉴定的考生对考核内容、具体考核要求有一个全面的了解，人力资源社会保障部教材办公室、中国就业培训技术指导中心上海分中心、上海市职业技能鉴定中心联合组织有关方面的专家、技术人员共同编写了1＋X职业技能鉴定考核指导手册。该手册介绍了题库的命题依据、试卷结构和题型题量，同时从上海市1＋X鉴定题库中抽取部分试题供考生练习，便于考生能够有针对性地进行考前复习准备。今后我们会随着国家职业标准和鉴定题库的提升，逐步对手册内容进行补充和完善。

本系列手册在编写过程中，得到了有关专家和技术人员的大力支持，在此一并表示感谢。

由于时间仓促，缺乏经验，如有不足之处，恳请各使用单位和个人提出宝贵建议。

1＋X职业技能鉴定考核指导手册

编审委员会

目　录

CONTENTS　1＋X职业技能鉴定考核指导手册

计算机操作职业简介

一、职业名称

计算机操作。

二、职业定义

计算机操作是使用个人计算机及相关外部设备进行操作，是个人计算机操作通用的常规技术和工作技能，也是进入国家计算机高新技术各专业模块的基础。

三、主要工作内容

从事的工作主要包括：（1）计算机系统的基本维护（计算机病毒预防和清除）；（2）文字录入（英文录入，中文录入）；（3）Windows 基本操作（磁盘属性设置和格式化，文件和文件夹操作，应用程序运行与打印机使用）；（4）Word 应用（Word 文档编辑操作，表格制作，文档格式设置，版面编辑排版）；（5）Excel 应用（工作表建立，表格格式化处理，图表操作，数据表应用）；（6）因特网操作（上网浏览与下载，Outlook Express 电子邮件的使用）。

第1部分
计算机操作（四级）鉴定方案

一、鉴定方式

计算机操作（四级）鉴定采用现场实际操作方式进行。考核为 1 个模块，实行百分制，成绩达 60 分及以上者为合格。不合格者可按规定补考。

二、考核方案

考核项目表

职业（工种）名称	计算机操作			等级		四级	
职业代码							
模块名称	单元编号		单元内容	考核方式	选考方法	考核时间（min）	配分（分）
系统管理	1		硬件维护	操作	必考		15
	2		系统软件维护	操作	必考	90	55
	3		网络简单维护	操作	必考		30
合　计						90	100
备注	所有操作都在 ATA 模拟环境中进行。						

第 2 部分

操作技能复习题

一、硬件维护（一）（试题代码：1.1.1[①]）

1. 试题单

（1）操作条件

1）计算机 1 台。

2）模拟主板配备 Phoenix-AwardBIOS 芯片硬件环境。

（2）操作内容。根据下列要求做出正确的回答。

1）识别计算机常用接口，找出 PS/2 鼠标接口连接设备，并选出相应的插头和插座。

2）配置 Phoenix-AwardBIOS 主板的计算机在开机时不断发出长响报警声，请对该计算机进行判断和检修，使其能正常通过自检。

3）屏幕显示 "CMOS Battery Failed" 字样，请判断现象并排除故障。

（3）操作要求

1）识别计算机常用接口，并正确连接。

2）判断报警故障类型，并正确排除。

3）判断开机故障提示，并正确排除。

---

① 试题代码表示该试题在鉴定方案《考核项目表》中的所属位置。左起第一位表示模块号，第二位表示单元号，第三位表示在该模块、单元下的第几道试题。

2. 评分表

编号	评分要素	配分（分）	分值（分）	评分标准	实际得分（分）
	试题代码及名称			1.1.1 硬件维护（一）	
1	计算机采用接口识别	5	2	判断所接外部设备正确	
			1.5	判断插头图示正确	
			1.5	判断插座图示正确	
2	开机报警声判断	5	2.5	判断报警声故障正确	
			2.5	解决方法正确	
3	开机故障提示排除	5	2.5	判断开机故障提示正确	
			2.5	解决方法正确	
合计配分		15		合计得分	

二、硬件维护（二）（试题代码：1.1.2）

1. 试题单

（1）操作条件

1）计算机 1 台。

2）模拟主板配备 Phoenix-AwardBIOS 芯片硬件环境。

（2）操作内容。根据下列要求做出正确的回答。

1）识别计算机常用接口，找出 PS/2 键盘接口连接设备，并选出相应的插头和插座。

2）配置 Phoenix-AwardBIOS 主板的计算机在开机时发出 1 短 1 短 2 短报警声，请对该计算机进行判断和检修，使其能正常通过自检。

3）屏幕显示"CMOS Battery State Low"字样，请判断现象并排除故障。

（3）操作要求

1）识别计算机常用接口，并正确连接。

2）判断报警故障类型，并正确排除。

3）判断开机故障提示，并正确排除。

2. 评分表

同 1.1.1。

三、硬件维护（三）（试题代码：1.1.3）

1. 试题单

（1）操作条件

1）计算机 1 台。

2）模拟主板配备 Phoenix-AwardBIOS 芯片硬件环境。

（2）操作内容。根据下列要求做出正确的回答。

1）识别计算机常用接口，找出 USB 接口连接设备，并选出相应的插头和插座。

2）配置 Phoenix-AwardBIOS 主板的计算机在开机时发出 1 长 1 短报警声，请对该计算机进行判断和检修，使其能正常通过自检。

3）屏幕显示 "CMOS Checksum error-Defaults loaded" 字样，请判断现象并排除故障。

（3）操作要求

1）识别计算机常用接口，并正确连接。

2）判断报警故障类型，并正确排除。

3）判断开机故障提示，并正确排除。

2. 评分表

同 1.1.1。

四、硬件维护（四）（试题代码：1.1.4）

1. 试题单

（1）操作条件

1）计算机 1 台。

2）模拟主板配备 Phoenix-AwardBIOS 芯片硬件环境。

（2）操作内容。根据下列要求做出正确的回答。

1）识别计算机常用接口，找出 VGA 显示器视频接口连接设备，并选出相应的插头和插座。

2）配置 Phoenix-AwardBIOS 主板的计算机在开机时发出 3 短 4 短 2 短报警声，请对该计算机进行判断和检修，使其能正常通过自检。

3）屏幕显示"CMOS Time/Date Not Set"字样，请判断现象并排除故障。

（3）操作要求

1）识别计算机常用接口，并正确连接。

2）判断报警故障类型，并正确排除。

3）判断开机故障提示，并正确排除。

2. 评分表

同 1.1.1。

五、硬件维护（五）（试题代码：1.1.5）

1. 试题单

（1）操作条件

1）计算机 1 台。

2）模拟主板配备 Phoenix-AwardBIOS 芯片硬件环境。

（2）操作内容。根据下列要求做出正确的回答。

1）识别计算机常用接口，找出 DVI 数字视频接口连接设备，并选出相应的插头和插座。

2）配置 Phoenix-AwardBIOS 主板的计算机在开机时发出 1 长 3 短报警声，请对该计算机进行判断和检修，使其能正常通过自检。

3）屏幕显示"CMOS Display type mismatch"字样，请判断现象并排除故障。

（3）操作要求

1）识别计算机常用接口，并正确连接。

2）判断报警故障类型，并正确排除。

3）判断开机故障提示，并正确排除。

2. 评分表

同 1.1.1。

六、硬件维护（六）（试题代码：1.1.6）

1. 试题单

（1）操作条件

1）计算机 1 台。

2）模拟主板配备 Phoenix-AwardBIOS 芯片硬件环境。

（2）操作内容。根据下列要求做出正确的回答。

1）识别计算机常用接口，找出 RJ45 接口连接设备，并选出相应的插头和插座。

2）配置 Phoenix-AwardBIOS 主板的计算机在开机时发出 1 长 9 短报警声，请对该计算机进行判断和检修，使其能正常通过自检。

3）屏幕显示"CMOS System Options Not Set"字样，请判断现象并排除故障。

（3）操作要求

1）识别计算机常用接口，并正确连接。

2）判断报警故障类型，并正确排除。

3）判断开机故障提示，并正确排除。

2. 评分表

同 1.1.1。

七、硬件维护（七）（试题代码：1.1.7）

1. 试题单

（1）操作条件

1）计算机 1 台。

2）模拟主板配备 Phoenix-AwardBIOS 芯片硬件环境。

（2）操作内容。根据下列要求做出正确的回答。

1）识别计算机常用接口，找出 RJ11 接口连接设备，并选出相应的插头和插座。

2）配置 Phoenix-AwardBIOS 主板的计算机在开机时发出 1 长 2 短报警声，请对该计算机进行判断和检修，使其能正常通过自检。

3）屏幕显示"CMOS Checksum Failure"字样，请判断现象并排除故障。

（3）操作要求

1）识别计算机常用接口，并正确连接。

2）判断报警故障类型，并正确排除。

3）判断开机故障提示，并正确排除。

2. 评分表

同 1.1.1。

八、硬件维护（八）（试题代码：1.1.8）

1. 试题单

（1）操作条件

1）计算机 1 台。

2）模拟主板配备 Phoenix-AwardBIOS 芯片硬件环境。

（2）操作内容。根据下列要求做出正确的回答。

1）识别计算机常用接口，找出 S-Video 接口连接设备，并选出相应的插头和插座。

2）配置 Phoenix-AwardBIOS 主板的计算机在开机时发出 3 短 2 短 4 短报警声，请对该计算机进行判断和检修，使其能正常通过自检。

3）屏幕显示"Override enable-Defaults loaded"字样，请判断现象并排除故障。

（3）操作要求

1）识别计算机常用接口，并正确连接。

2）判断报警故障类型，并正确排除。

3）判断开机故障提示，并正确排除。

2. 评分表

同 1.1.1。

九、硬件维护（九）（试题代码：1.1.9）

1. 试题单

（1）操作条件

1）计算机 1 台。

2）模拟主板配备 Phoenix-AwardBIOS 芯片硬件环境。

（2）操作内容。根据下列要求做出正确的回答。

1）识别计算机常用接口，找出 IEEE 1394 接口连接设备，并选出相应的插头和插座。

2）配置 Phoenix-AwardBIOS 主板的计算机在开机时发出不停地响报警声，请对该计算机进行判断和检修，使其能正常通过自检。

3）屏幕显示"BIOS ROM Checksum error-System halted"字样，请判断现象并排除故障。

（3）操作要求

1）识别计算机常用接口，并正确连接。

2）判断报警故障类型，并正确排除。

3）判断开机故障提示，并正确排除。

2. 评分表

同 1.1.1。

十、系统软件维护（一）（试题代码：1.2.1）

1. 试题单

（1）操作条件

1）计算机 1 台。

2）模拟 Windows 7 操作系统。

（2）操作内容。某公司的 1 台计算机需要进行日常维护，请完成以下操作。

1）在 360 杀毒软件中启用快速扫描，每天 12：00 定时杀毒，添加"C：\ata"文件夹为白名单。

2）在瑞星全功能安全软件中，当受到网络攻击时，启用声音报警，在 3 分钟内自动屏蔽攻击来源。

3）使用 Windows 7 自带的 Windows Defender 反间谍软件设置自动扫描计算机：频率

为"每天"，时间为"中午 12 点"，类型为"快速扫描"；对严重警报项目予以删除，高和中警报项目予以隔离；不扫描"C:\ata"文件夹。

4）禁用"定时关机"计划。

5）使用磁盘管理为移动硬盘重新分区：有个 500 GB 的移动硬盘需要分 4 个分区（F盘、J盘、K盘和L盘），分别为 100 GB、150 GB、150 GB 和剩余的部分。

6）更改家庭组共享设置：文档共享，音乐、视频不共享。

7）利用 Windows Update 功能设置安装更新方式为"检查更新，但是让我选择是否下载和安装更新"，将 Windows 安全更新程序（KB2756920）信息保存为"C:\KB2756920.doc"。

8）在桌面添加"源标题"小工具，显示此源为"中国的源"，要显示的最近访问的标题的数量为"20 个标题"。

（3）操作要求

1）正确使用 360 杀毒软件。

2）正确使用瑞星全功能安全软件。

3）正确使用 Windows Defender。

4）正确配置 Windows 计划。

5）利用磁盘管理工具分区。

6）正确配置共享参数。

7）正确配置系统更新。

8）正确添加桌面小工具。

2. 评分表

试题代码及名称		1.2.1 系统软件维护（一）			
评分要素		配分（分）	分值（分）	评分标准	实际得分（分）
1	系统软件维护	55	6	在 360 杀毒软件中设置正确（设置扫描方式、杀毒方式、查杀时间、白名单各 1.5 分）	
			6	在瑞星全功能安全软件中设置正确（进入网络攻击拦截、报警、屏蔽各 2 分）	

续表

试题代码及名称			1.2.1 系统软件维护（一）		
评分要素		配分 （分）	分值 （分）	评分标准	实际得分 （分）
1	系统软件维护	55	10	Windows Defender 设置正确（进入反间谍软件 1 分，进入工具和设置 1 分，进入选项 1 分，设置日期、时间、扫描方式各 1 分，删除 1 分，隔离 1 分，不扫描部分 2 分）	
			3	禁用计划设置正确（打开计划程序、找到关机计划、禁用关机计划各 1 分）	
			8	磁盘管理设置正确（设置 F 盘、J 盘、K 盘、L 盘各 2 分）	
			9	更改家庭组共享正确（进入共享中心 1.5 分、创建家庭组 1.5 分、共享文档 2 分、不共享音乐 2 分、不共享视频 2 分）	
			9	Windows Update 设置正确（进入主界面 1 分、设置安装更新方式 3 分、命名信息文件 2 分、保存 3 分）	
			4	添加桌面小工具（进入桌面小工具界面 1 分、设置名称 1.5 分、设置数量 1.5 分）	
合计配分		55		合计得分	

十一、系统软件维护（二）（试题代码：1.2.2）

1. 试题单

（1）操作条件

1）计算机 1 台。

2）模拟 Windows 7 操作系统。

（2）操作内容。某公司的 1 台计算机需要进行日常维护，请完成以下操作。

1）在 360 安全卫士中清理补丁安装源的所有文件，启用系统蓝屏修复功能。

2）在瑞星全功能安全软件中启动 IE 浏览器高强度防护，取消"记录日志"。

3）在瑞星全功能安全软件中进行自定义查杀，只对 C 盘、系统内存、引导区、关键区域查杀，立即处理查到的异常项，杀毒后自动关机，并保存当天日志为"C:\自定义杀毒日志.db"。

4）联机获取"法拉利"主题，将主题文字详情以"法拉利主题.doc"为文件名保存，并将主题以"法拉利.themepack"为文件名保存，使之作为桌面主题，删除"加勒比海"桌面主题。

5）对 AWARD BIOS 进行设置，设置电源管理为"休眠断电节能"模式，设置超级用户密码为"123"，并保存设置。

6）使用 Windows 7 自带的备份工具对"C:\ata"文件夹进行备份，备份至 D 盘。

7）利用 Windows 轻松传送功能，将 D 盘中的 user 用户文件.MIG 传送到当前系统中，密码为"123"。

8）设置任务栏上的电源图标"始终可见"。并设置电源使用计划：计划名称为"节能"，无线适配器节能模式使用电池设为"最高节能"；关键级别电池操作使用电池设为"休眠"。

（3）操作要求

1）在 360 安全卫士中进行正确操作。

2）在瑞星全功能安全软件中进行正确操作（防护）。

3）在瑞星全功能安全软件中进行正确操作（杀毒）。

4）设置主题。

5）设置 BIOS。

6）使用 Windows 7 自带的备份工具进行备份。

7）使用 Windows 轻松传送功能。

8）对电源进行设置。

2. 评分表

试题代码及名称		1.2.2 系统软件维护（二）			
评分要素		配分（分）	分值（分）	评分标准	实际得分（分）
1	系统软件维护	55	2	在 360 安全卫士中清理文件正确	
			1	在瑞星全功能安全软件中启用系统蓝屏修复功能正确	
			2	在瑞星全功能安全软件中启动对 IE 浏览器高强度防护正确	
			2	在瑞星全功能安全软件中取消"记录日志"	
			8	在瑞星全功能安全软件中自定义查杀正确（指定区域、处理查到的异常项、杀后自动关机、保存日志各 2 分）	
			10	主题正确（获取主题、设置主题文字文件名、设置主题文件名、设置桌面主题、删除桌面主题各 2 分）	
			6	AWARD BIOS 设置正确（设置节能模式、设置超级用户密码、保存各 2 分）	
			6	系统备份正确（立即备份、文件夹备份、备份到其他盘各 2 分）	
			6	轻松传送功能设置正确（传送、用户账户文件名选取、密码设置各 2 分）	
			4	任务栏按钮设置正确（进入界面、设置各 2 分）	
			8	电源使用计划设置正确（设置名称、模式、无线网卡、电池各 2 分）	
合计配分		55		合计得分	

十二、系统软件维护（三）（试题代码：1.2.3）

1. 试题单

（1）操作条件

1）计算机 1 台。

2）模拟 Windows 7 操作系统。

（2）操作内容。某公司的 1 台计算机需要进行日常维护，请完成以下操作。

1）在 360 安全卫士中对系统进行常规修复扫描，并对默认选项立即修复；进行开机加速优化。

2）在瑞星全功能安全软件中备份 2013 年所有记录日志，以"所有记录日志.db"为文件名存至 D 盘。

3）在瑞星全功能安全软件中制订全盘扫描计划：每周六上午 10：00 进行扫描，发现病毒后手动删除。

4）选取图片库的图片作为主题，图片位置设置为"拉伸"，幻灯片播放间隔时间为"3分钟"，当使用电池时，暂停幻灯片放映。

5）对 AWARD BIOS 进行设置，设置普通用户密码为"321"，一旦侦测到错误（键盘错误除外），系统将停止运行，并保存设置。

6）使用 Windows 7 自带的备份工具制订备份计划：每月 25 日晚上 10 点对当前用户账户的库进行备份，备份至 D 盘。

7）查看系统摘要信息，并将信息导出到"D：\系统摘要.txt"。

8）设置任务栏上的电源图标"始终可见"。并设置电源使用计划：计划名称为"节能123"，在"更改用电池"中，降低显示亮度设为"1分钟"，关闭显示器设为"3分钟"；"合上盖子"时为"休眠"。

（3）操作要求

1）在 360 安全卫士中进行正确操作。

2）在瑞星全功能安全软件中进行正确操作（备份日志）。

3）在瑞星全功能安全软件中进行正确操作（制订全盘扫描计划）。

4）设置主题。

5）设置 BIOS。

6）使用 Windows 7 自带的备份工具进行备份。

7）查看并导出系统摘要。

8）对电源进行设置。

2. 评分表

试题代码及名称		1.2.3 系统软件维护（三）			
评分要素		配分 （分）	分值 （分）	评分标准	实际得分 （分）
1	系统软件维护	55	6	在 360 安全卫士中设置正确（扫描、默认项修复、优化各 2 分）	
			5	在瑞星全功能安全软件中备份正确（查看日志 1 分、选取日志年份 2 分、设置保存位置 1 分、设置日志名 1 分）	
			8	在瑞星全功能安全软件中制订扫描计划正确（设置扫描日期、设置扫描时间、发现病毒、手动删除各 2 分）	
			10	主题设置正确（选取图片 2 分，设置显示方式、幻灯片播放、播放间隔时间、使用电池暂停放映各 2 分）	
			6	AWARD BIOS 设置正确（设置普通用户密码、设置暂停开机、保存各 2 分）	
			8	备份计划设置正确（设置备份时间、备份日期、备份源、备份位置各 2 分）	
			4	系统摘要信息正确（查看、导出各 2 分）	
			8	电源设置正确（图标可见设置、关闭显示器设置、降低显示亮度设置、关闭盖子时设置各 2 分）	
合计配分		55		合计得分	

十三、系统软件维护（四）（试题代码：1.2.4）

1. 试题单

（1）操作条件

1）计算机 1 台。

2）模拟 Windows 7 操作系统。

（2）操作内容。某公司的 1 台计算机需要进行日常维护，请完成以下操作。

1）在 360 安全卫士中禁用语言清理工具的启动任务，关闭 Windows Update。

2）在瑞星全功能安全软件中添加网站：IP 规则设置为允许域名解析、允许动态 IP、允许 VPN GRE 协议、允许 VPN AH 协议；设置 http：//www. sina. com. cn 为白名单，http：//www. 4114song. com 为黑名单。

3）在瑞星全功能安全软件中进行升级设置，每周日下午 1 点定时升级。

4）设置窗口边框、开始菜单和任务栏的颜色为"南瓜色"，不使用透明效果。

5）对 AWARD BIOS 进行设置，设置电源管理节能模式为"12 分钟后进入睡眠状态"，设置超级用户密码为"123"，并保存设置。

6）使用系统还原功能将"C：\ ata"文件夹恢复到更改之前的状态，还原至原来位置。

7）生成系统健康报告，并将报告保存为"C：\ 系统健康报告 . html"。

8）为 Windows 7 任务栏添加多功能地址栏。

（3）操作要求

1）在 360 安全卫士中进行正确操作。

2）在瑞星全功能安全软件中进行正确操作（添加网站）。

3）在瑞星全功能安全软件中进行正确操作（升级设置）。

4）更改桌面设置。

5）设置 BIOS。

6）使用系统还原功能进行还原。

7）生成并保存系统健康报告。

8）对任务栏进行设置。

2. 评分表

试题代码及名称				1.2.4 系统软件维护（四）	
评分要素		配分（分）	分值（分）	评分标准	实际得分（分）
1	系统软件维护	55	6	在 360 安全卫士中设置正确（禁用任务、关闭 Windows Update 各 3 分）	
			6	在瑞星全功能安全软件中添加网站正确（设置 IP 规则、白名单、黑名单各 2 分）	
			4	在瑞星全功能安全软件中升级设置正确（设置模式、定时各 2 分）	

续表

试题代码及名称			1.2.4 系统软件维护（四）		
评分要素		配分（分）	分值（分）	评分标准	实际得分（分）
1	系统软件维护	55	8	更改桌面设置正确（设置个性化界面、不使用透明效果各 4 分）	
			9	AWARD BIOS 设置正确（设置模式、设置超级用户密码、保存各 3 分）	
			12	系统还原正确（设置备份源、还原名称、还原位置、还原过程各 3 分）	
			6	系统健康报告正确（搜集、生成报告、保存各 2 分）	
			4	任务栏按钮设置正确（打开、设置各 2 分）	
合计配分		55		合计得分	

十四、系统软件维护（五）（试题代码：1.2.5）

1. 试题单

（1）操作条件

1）计算机 1 台。

2）模拟 Windows 7 操作系统。

（2）操作内容。某公司的 1 台计算机需要进行日常维护，请完成以下操作。

1）在 360 安全卫士中将 IE 主页锁定为空白页。设置 IE 窗口初始大小为 1 280×1 024，更改 IE 收藏夹目录为"C:\Favorites"，清理上网痕迹。

2）在瑞星全功能安全软件中拒绝 IP 地址冲突攻击，启用 MSN 聊天加密。

3）在瑞星全功能安全软件中找出被隔离的 MSIC80.tmp 文件并恢复原状，将其加入白名单，导出白名单为"D:\白名单导出.bwl"。

4）在不使用计算机 3 分钟后，使用图片库中 Sample Pictures 文件夹中的图片作为屏幕保护，并要求"在恢复时显示登录屏幕"。

5）对 AWARD BIOS 进行设置，装载 BIOS 出厂设置、优化设置，并保存设置。

6）使用系统还原功能将系统恢复到更改之前的状态。

7）查看"冲突/共享"信息，并将信息导出到"D：\冲突共享.txt"。

8）进行日期和时间设置，更改日历设置，显示"星期"。

（3）操作要求

1）在360安全卫士中进行正确操作。

2）在瑞星全功能安全软件中进行正确操作（设置拒绝IP地址冲突攻击，启用MSN聊天加密）。

3）在瑞星全功能安全软件中进行正确操作（找出被隔离的文件并恢复）。

4）设置屏幕保护。

5）设置BIOS。

6）使用系统还原功能进行还原。

7）查看并导出"冲突/共享"信息。

8）对日期和时间进行设置。

2. 评分表

试题代码及名称			1.2.5 系统软件维护（五）		
评分要素		配分（分）	分值（分）	评分标准	实际得分（分）
1	系统软件维护	55	8	在360安全卫士中设置正确（设置IE主页、IE窗口初始大小、IE收藏夹目录各2分，清理上网痕迹2分）	
			6	在瑞星全功能安全软件中设置正确（拒绝IP地址冲突攻击、启用MSN聊天加密各3分）	
			9	在瑞星全功能安全软件中恢复可疑文件正确（查看隔离区1分、找到文件2分、恢复文件2分、加入白名单2分、导出文件2分）	
			6	更改桌面设置正确（设置照片、文件夹、等待时间各2分）	
			9	AWARD BIOS设置正确（出厂设置、优化设置、保存设置各3分）	
			8	系统还原正确（设置备份源、还原名称、还原位置、还原过程各2分）	

续表

试题代码及名称			1.2.5 系统软件维护（五）		
评分要素	配分 （分）	分值 （分）	评分标准		实际得分 （分）
1 系统软件维护	55	6	查看并导出"冲突/共享"信息正确（进入系统信息主界面、查看、导出各2分）		
		3	更改日期与时间正确（打开设置1分、设置2分）		
合计配分	55		合计得分		

十五、系统软件维护（六）（试题代码：1.2.6）

1. 试题单

（1）操作条件

1）计算机1台。

2）模拟 Windows 7 操作系统。

（2）操作内容。某公司的1台计算机需要进行日常维护，请完成以下操作。

1）在360杀毒软件中进行全盘查杀，对查到的异常项立即处理，并保存当天日志为"C：\杀毒日志 . log"，自动清除30天以上的记录。

2）在瑞星全功能安全软件中设置可信区名称为"306机房"，本地可信地址为"192.168.194.100,"对方可信地址范围为"192.168.194.101～192.168.194.150"。

3）在瑞星全功能安全软件中启用浏览器防护，搜索加固的浏览器，发现木马自动处理。

4）创建电源计划：节能，计划名称为"节能计划"，15分钟后使计算机进入睡眠状态，电源按钮操作设置为"不采用任何操作"。

5）对 AWARD BIOS 进行设置，设置开机启动顺序为光驱、硬盘，开机需要设置密码状态，并保存设置。

6）建立 USER 标准用户，更改图片为招财猫，用户不能修改密码，密码永不过期，密码为"123"。

7）打开资源监视器，选择 CPU 进程 iexplore. exe，并搜索关联句柄为 de 的筛选结果，使用 Windows 7 自带的截图工具将该搜索结果截图，保存为"C：\cpu 检测 . jpg"。

8）设置与 Internet 时间服务器同步。

（3）操作要求

1）在 360 杀毒软件中进行正确操作。

2）在瑞星全功能安全软件中进行正确操作（设置可信区名称和可信地址）。

3）在瑞星全功能安全软件中进行正确操作（防护）。

4）创建电源计划。

5）设置 BIOS。

6）建立新用户。

7）使用资源监视器。

8）设置与 Internet 时间服务器同步。

2. 评分表

试题代码及名称				1.2.6 系统软件维护（六）	
评分要素		配分（分）	分值（分）	评分标准	实际得分（分）
1	系统软件维护	55	8	在 360 杀毒软件中设置正确（找到异常项、处理异常项、保存日志、清除记录各 2 分）	
			6	在瑞星全功能安全软件中设置正确（设置可信区名称、本地可信地址、对方可信地址范围各 2 分）	
			6	在瑞星全功能安全软件中可疑文件恢复正确（开启主动防御、浏览器主页锁定、木马自动处理各 2 分）	
			9	创建电源计划设置正确（进入电源选项 1 分，设置计划名称、节能方式、计算机休眠、电源按钮各 2 分）	
			6	AWARD BIOS 设置正确（开机启动顺序、设置密码状态、保存各 2 分）	
			8	新建用户正确（新建 2 分、设置不能修改密码 1 分、设置密码永不过期 1 分、设置密码 2 分、更改图片 2 分）	
			9	设置资源监视器正确（进入资源监视器 1 分，选择进程、搜索关联的句柄、截图、保存各 2 分）	
			3	Internet 时间服务器同步正确（进入、设置、更新各 1 分）	
合计配分		55		合计得分	

十六、系统软件维护（七）（试题代码：1.2.7）

1. 试题单

（1）操作条件

1）计算机 1 台。

2）模拟 Windows 7 操作系统。

（2）操作内容。某公司的 1 台计算机需要进行日常维护，请完成以下操作。

1）在 360 杀毒软件中进行自定义查杀，只对我的文档进行杀毒扫描，并将扫描日志保存为"C：\ 我的扫描 . log"。

2）在瑞星全功能安全软件中设置网络防护级别为"高"，规则匹配顺序为"IP 规则优先"，升级频率为"手动升级"。

3）在瑞星全功能安全软件中进行病毒库 U 盘备份，彻底查杀计算机病毒。

4）创建任务计划：计划名称为"定时关机计划"，每周一到周五的 16：30，在计算机空闲时自动关闭计算机。

5）对 AWARD BIOS 进行设置，修改系统日期为"2013 年 6 月 23 日"，使用集成声卡，并保存设置。

6）对 USER 用户启用家长控制：设置周一到周五的 17：00—24：00，以及周六到周日的 8：00—17：00 为阻止使用时间，禁止带有"毒品"字样的游戏内容出现。

7）打开资源监视器，结束磁盘活动进程 WINWORD. EXE，并将监视设置保存为"C：\ 资源占用 . ResmonCfg"。

8）将操作中心设置为"显示图标和通知"。

（3）操作要求

1）在 360 杀毒软件中进行正确操作。

2）在瑞星全功能安全软件中进行正确操作（网络防护和开放设置）。

3）在瑞星全功能安全软件中进行正确操作（病毒库 U 盘备份）。

4）创建任务计划。

5）设置 BIOS。

6）设置用户属性。

7）使用资源监视器。

8）设置任务栏。

2. 评分表

试题代码及名称			1.2.7 系统软件维护（七）		
评分要素		配分（分）	分值（分）	评分标准	实际得分（分）
1	系统软件维护	55	9	在 360 杀毒软件中设置正确（进入 360 杀毒主界面 1 分，自定义我的文档、杀毒扫描、查看日志、保存日志各 2 分）	
			9	在瑞星全功能安全软件中设置正确（设置防护级别、规则匹配、升级频率各 3 分）	
			4	在瑞星全功能安全软件中进行病毒库 U 盘备份正确（进入瑞星工具 1 分、选择 U 盘 1.5 分、制作 1.5 分）	
			9	创建关机计划设置正确（创建 1 分，设置计划名称、关机频率、关机命令、关机条件各 2 分）	
			6	AWARD BIOS 设置正确（设置系统日期、设置系统时间、保存各 2 分）	
			9	用户设置正确（启用家长控制、设置禁止时间、设置限制内容各 3 分）	
			6	设置资源监视器正确（结束进程、另存为、保存各 2 分）	
			3	操作中心设置（进入 1 分、设置 2 分）	
合计配分		55		合计得分	

十七、系统软件维护（八）（试题代码：1.2.8）

1. 试题单

（1）操作条件

1）计算机 1 台。

2）模拟 Windows 7 操作系统。

（2）操作内容。某公司的 1 台计算机需要进行日常维护，请完成以下操作。

1）在 360 杀毒软件中使用"刘德华"图像作为皮肤。

2）在瑞星全功能安全软件中修复计算机安全状态：禁用"系统共享目录"，修复"电脑防护"。

3）在 360 安全卫士中使用文件粉碎机，将无法删除的文件夹"test"永久删除，无法恢复。

4）启用、修改任务计划：启用 Adobe Flash Player 更新程序，唤醒计算机执行此任务，并导出该更新程序的文件为"C:\AFPUpdate.xml"。

5）用 FDISK 创建分区：设置 C 盘活动分区容量 1 G，D 盘 2 G，E 盘 2 G，剩余的容量分给 F 盘。

6）删除用户 USER。

7）为 Windows 7 资源管理器添加文件选择复选框，设置预览窗格。

8）关闭"为所有媒体和设备使用自动播放"功能。

（3）操作要求

1）在 360 杀毒软件中进行正确操作。

2）在瑞星全功能安全软件中进行正确操作。

3）在 360 安全卫士中进行正确操作。

4）启用、修改任务计划。

5）创建分区。

6）删除用户 USER。

7）使用资源管理器。

8）取消"自动播放"功能。

2. 评分表

试题代码及名称		1.2.8 系统软件维护（八）			
评分要素		配分（分）	分值（分）	评分标准	实际得分（分）
1	系统软件维护	55	4	在 360 杀毒软件中设置正确（进入在线皮肤、找到皮肤各 2 分）	
			8	在瑞星全功能安全软件中设置正确（开启修复 2 分、禁用 3 分、修复 3 分）	

续表

试题代码及名称		1.2.8 系统软件维护（八）			
评分要素		配分（分）	分值（分）	评分标准	实际得分（分）
1	系统软件维护	55	6	在 360 安全卫士中使用文件粉碎机正确（进入文件粉碎机、选择要粉碎的文件、粉碎操作各 2 分）	
			9	启用、修改计划设置正确（启用、修改、导出各 3 分）	
			12	创建分区正确（设置 C 盘、活动分区、扩展分区、D 盘、E 盘、F 盘各 2 分）	
			4	删除用户正确（进入、删除各 2 分）	
			8	设置资源管理器正确（进入文件夹选项 2 分、加文件选择复选框 3 分、设置预览窗格 3 分）	
			4	关闭"为所有媒体和设备使用自动播放"功能（进入、设置各 2 分）	
合计配分		55		合计得分	

十八、系统软件维护（九）（试题代码：1.2.9）

1. 试题单

（1）操作条件

1）计算机 1 台。

2）模拟 Windows 7 操作系统。

（2）操作内容。某公司的 1 台计算机需要进行日常维护，请完成以下操作。

1）在 360 杀毒软件中将"C：\ ata \ demo"文件夹设置为白名单。

2）在瑞星全功能安全软件中设置"程序联网控制"，启动模块访问检查，询问对话框在 30 秒后自动关闭。

3）在瑞星全功能安全软件中使用"绿茵遍野"作为瑞星全功能安全软件的皮肤。

4）创建任务计划：计划名称为"友情提示"，每周一到周五的 16：55，提示"今天工作辛苦了，五点快到了，准备下班了！"。

5）用 FDISK 删除分区：删除所有分区。

6）打开性能监视器，添加 Processor ％ C1 Time 0 实例，并突出显示，将图像另存为"C：\ 监控图像 . gif"。

7）打开资源管理器，搜索 VTest. dll 文件并进入，使用快捷菜单获取该文件完整路径，并将该路径保存为"C：\ filepath. txt"。

8）任务栏设置，取消存储并显示最近在"开始"菜单中打开的程序。

（3）操作要求

1）在 360 杀毒软件中进行正确操作。

2）在瑞星全功能安全软件中进行正确操作（设置"程序联网控制"）。

3）在瑞星全功能安全软件中进行正确操作（设置皮肤）。

4）创建任务计划。

5）删除分区。

6）使用性能监视器。

7）使用资源管理器。

8）对任务栏进行设置。

2. 评分表

试题代码及名称		1.2.9 系统软件维护（九）			
评分要素		配分（分）	分值（分）	评分标准	实际得分（分）
1	系统软件维护	55	4	在 360 杀毒软件中设置正确（进入白名单、选择文件夹各 2 分）	
			8	在瑞星全功能安全软件中设置正确（进入、设置程序联网控制、启动模块、自动关闭各 2 分）	
			6	在瑞星全功能安全软件中设置正确（进入、设置各 3 分）	
			9	创建任务计划正确（创建 1 分，设置名称、频率、显示信息、提示信息各 2 分）	
			4	删除分区正确（删除逻辑盘 2 分、删除扩展分区 1 分、删除主分区 1 分）	
			12	性能监视器设置正确（进入、添加实例、显示、保存各 3 分）	

续表

试题代码及名称		1.2.9 系统软件维护（九）			
评分要素		配分 （分）	分值 （分）	评分标准	实际得分 （分）
1	系统软件维护	55	8	设置资源管理器正确（搜索文件、获取路径、打开记事本、保存各2分）	
			4	任务栏设置正确（进入、设置各2分）	
合计配分		55		合计得分	

十九、网络简单维护（一）（试题代码：1.3.1）

1. 试题单

（1）操作条件

1）装有网卡的台式计算机 A、B，装有无线网卡的笔记本式计算机 C，直连网线若干根，TP-Link WR841N 无线宽带路由器。

2）计算机 A、B 已装 Windows 7 操作系统，计算机 C 已装 Windows XP 操作系统。

（2）操作内容。某公司需要把办公室的 3 台计算机连接成一个小型局域网，请完成以下操作。

1）用网线完成 3 台计算机互联，判别出错误的连接方法。

2）分别配置各计算机的 IP 地址，计算机 A 的 IP 地址为 192.168.1.101，计算机 B 的 IP 地址为 192.168.1.102，计算机 C 的 IP 地址为 192.168.1.103。

3）在计算机 C 的"C:\"建立文件夹"ABC"，并设置为"共享"。（备注：使计算机 A 与计算机 B 能访问该文件夹。）

（3）操作要求

1）正确连接设备。

2）正确配置 IP 地址及子网掩码。

3）正确设置共享文件夹。

2. 评分表

试题代码及名称		1.3.1网络简单维护（一）			
评分要素		配分（分）	分值（分）	评分标准	实际得分（分）
1	计算机与路由器连线	6	6	计算机 A、B、C 均与路由器正确连接	
2	计算机的网络标识及 TCP/IP 设置	12	4	计算机 A 的 IP 配置正确	
			4	计算机 B 的 IP 配置正确	
			4	计算机 C 的 IP 配置正确	
3	文件夹共享设置	12	1	新建文件夹	
			2	计算机 C 文件共享设置	
			3	计算机 C Guest 用户开启	
			3	计算机 A 能访问计算机 C 的共享文件夹	
			3	计算机 B 能访问计算机 C 的共享文件夹	
合计配分		30		合计得分	

二十、网络简单维护（二）（试题代码：1.3.2）

1. 试题单

（1）操作条件

1）装有有线网卡的计算机 A、装有无线网卡的计算机 B，直连网线 2 根，TP-Link WR841N 无线宽带路由器 1 台。

2）计算机 A、B 已装 Windows 7 操作系统。

3）一个能接入 Internet 的网络接口模块。

（2）操作内容。公司某一部门新进了 2 名员工，公司为他们配发了计算机，但由于之前的网络规划不合理，该办公室只留了一个可以上网的网络接口模块，于是公司采购了 TP-Link 无线宽带路由器，请你为他们配置路由器和计算机，完成以下操作。

1）请正确连接计算机与路由器，路由器与网络模块。

2）路由器的 IP 地址设置为预留的上网 IP 地址（192.168.5.122），DNS 与默认网关均为 192.168.5.200，将路由器控制的内网 IP 设置为 192.168.100.1。

3）设置无线 SSID 号为"Myoffice"，并使用 WPA-PSK/WPA2-PSK 的加密方式，加密算法为"AES"，密码为"wcy123＊＊♯"。

4）启用 ARP 绑定功能，并将计算机 A 的网卡（MAC）地址（3C-97-0E-5F-45-0C）与 IP（192.168.100.101）绑定，计算机 B 的网卡（MAC）地址（3C-97-0E-5F-55-0C）与 IP（192.168.100.102）绑定。

（3）操作要求

1）正确连接计算机与路由器，路由器与网络模块。

2）正确设置路由器的 IP。

3）正确设置路由器的无线功能。

4）正确设置 ARP 绑定。

2. 评分表

试题代码及名称			1.3.2 网络简单维护（二）		
评分要素		配分（分）	分值（分）	评分标准	实际得分（分）
1	连接计算机与路由器，路由器与网络模块	6	4	正确连接计算机与路由器	
			2	正确连接路由器与网络模块	
2	设置路由器的 IP	6	3	正确设置 WAN 口 IP（192.168.5.122）	
			3	正确设置 LAN 口 IP（192.168.100.1）	
3	设置路由器的无线功能	6	2	正确设置无线 SSID 号	
			2	正确选择加密方式和加密算法	
			2	正确设置密码（区分大小写）	
4	设置 ARP 绑定	12	2	正确设置计算机 A 的 IP 及网关	
			2	正确设置计算机 B 的 IP 及网关	
			4	正确绑定计算机 A 的有线网卡 MAC 地址	
			4	正确绑定计算机 B 的无线网卡 MAC 地址	
合计配分		30		合计得分	

二十一、网络简单维护（三）（试题代码：1.3.3）

1. 试题单

（1）操作条件

1）装有有线网卡的计算机 1 台，IP 为 192.168.5.200。

2）计算机已装 Windows 7 操作系统。

（2）操作内容。公司某部门为规范工作纪律，使用软件代理服务器供员工上网。请完成以下操作。

1）设置计算机 IP 地址为 192.168.5.12，子网掩码为 255.255.255.0，默认网关为 192.168.5.200。

2）为计算机设置多个 DNS 服务器，地址分别为 202.96.209.5，192.168.5.200 及 202.96.209.133。

3）设置 IE 浏览器上网代理服务器为 192.168.5.200，端口号为 80。

（3）操作要求

1）正确设置计算机 IP 地址。

2）正确设置 DNS 服务器。

3）正确配置上网代理服务器。

2. 评分表

试题代码及名称				1.3.3 网络简单维护（三）		
评分要素		配分（分）	分值（分）	评分标准		实际得分（分）
1	设置计算机的 IP 地址	10	4	正确设置计算机的网卡 IP 地址		
			3	正确设置计算机的网卡子网掩码		
			3	正确设置计算机的网卡默认网关		
2	设置 DNS 服务器	15	5	正确设置计算机的网卡第一个 DNS		
			5	正确设置计算机的网卡第二个 DNS		
			5	正确设置计算机的网卡第三个 DNS		
3	设置上网代理服务器	5	5	正确设置上网代理服务器		
合计配分		30		合计得分		

二十二、网络简单维护（四）（试题代码：1.3.4）

1. 试题单

（1）操作条件

1）计算机3台，二层交换机2台，网线（交叉线、直连线）若干根。

2）计算机已装 Windows 7 操作系统。

（2）操作内容。学校的计算机房突然发生了下列几种情形的故障，分析并排除故障。

1）计算机 A、B、C 不能共享互连，网卡灯全亮，交换机灯狂闪。

2）计算机 A 共享了某些文件，计算机 B 与 C 无法访问计算机 A。

3）计算机 B 在上网时，发现能打开 QQ 软件并登录，但打不开网页。

（3）操作要求

1）正确分析情形1故障原因并排除故障。

2）排除情形2故障。

3）排除情形3故障。

2. 评分表

试题代码及名称			1.3.4 网络简单维护（四）		
评分要素		配分（分）	分值（分）	评分标准	实际得分（分）
1	分析情形1故障原因并排除故障	10	3	分析交换机网络风暴的原因	
			3	计算机 A、B、C IP 地址重新配置	
			4	计算机与交换机连接线更换成直连线	
2	排除情形2故障	10	3	计算机 A Guest 用户组开启	
			3	计算机 B、C 的 IP 地址配置	
			4	计算机 A 的用户权限指派设置	
3	排除情形3故障	10	5	删除 IE 代理服务器	
			5	设置正确的 DNS 服务器	
合计配分		30		合计得分	

二十三、网络简单维护（五）（试题代码：1.3.5）

1. 试题单

（1）操作条件

1）打印机 1 台，计算机 2 台。

2）计算机已装 Windows 7 操作系统。

3）局域网环境。

（2）操作内容。某公司为满足公司内部管理需求，实现资源共享，建立了公司内部局域网，并要求接入互联网。假设 2 台计算机和打印机已经进行必要的物理连接，请根据要求完成如下配置。

1）配置计算机 A 的 IP 地址为 192.168.1.101，计算机 B 的 IP 地址为 192.168.1.102。计算机 A、B 的子网掩码均为 255.255.255.0，网关均为 192.168.1.254，DNS 均为 202.96.209.133。

2）在计算机 B 上用 ping 命令测试与计算机 A（192.168.1.101）的连通性，并将显示的结果保存到计算机 B 的"C:\Ipinfo.txt"。

3）配置计算机 A 的 HTTP 代理，代理服务器的 IP 地址为 203.178.133.22，端口为 3128。

4）在计算机 A 上安装打印机驱动，打印机名称为默认名称，设置该打印机为默认打印机。

5）将计算机 A 上的打印机设置成共享打印机。（备注：确保计算机 B 能够访问计算机 A 的打印机，并在计算机 B 上安装此打印机。）

（3）操作要求

1）正确配置 IP 地址。

2）正确应用 ping 命令进行连通性测试。

3）正确设置相关代理。

4）正确安装打印机驱动，并按要求正确配置。

5）正确实现打印机共享。

2. 评分表

试题代码及名称			1.3.5 网络简单维护（五）		
评分要素		配分（分）	分值（分）	评分标准	实际得分（分）
1	TCP/IP 信息配置	8	8	配置正确	
			6	有任一项配置不正确	
			4	有任两项配置不正确	
			0	超过两项配置不正确	
2	ping 命令应用	5	5	正确应用并保存	
			3	应用正确，但保存的文件名或路径不正确	
			0	应用错误	
3	代理地址配置	6	6	配置正确	
			4	有一项配置错误	
			0	配置完全错误	
4	打印机安装与配置	6	6	配置正确	
			4	驱动安装正确，但有一项配置不正确	
			0	未能正确安装驱动或有两项以上错误	
5	打印机共享设置	5	2.5	计算机 A 配置正确	
			2.5	计算机 B 配置正确	
合计配分		30		合计得分	

二十四、网络简单维护（六）（试题代码：1.3.6）

1. 试题单

（1）操作条件

1）计算机 1 台（已安装 Windows 7 操作系统）。

2）局域网环境及相关的公司网站。

3）超五类网线若干米，水晶头 2 个，网线制作工具 1 套。

4）网线连通性测试仪 1 套。

（2）操作内容。某公司组建了内部局域网，由于公司招聘了 1 名新员工，为此新接入 1 台计算机 A，并要求能访问公司网站（www.company.com）。相关的配置参数如下：内部网络地址采用 C 类私有地址，网关为 192.168.1.254/24，DNS 为 202.96.209.133。请排除在配置和接入过程中出现的故障。

1）计算机的网卡与信息插座的连接网线出现故障，请检查并进行排除。

2）检查有关的配置信息，如发现配置不正确，请进行排除。

3）测试与网关的连通性，并将相关的信息定向到"C:\ Ipinfo. txt"。

4）检查 IE 设置是否正确，如发现问题，请进行排除，保证能访问公司的网站（www. company. com）。

5）在计算机 C 盘的根目录下新建一个文件夹，文件夹名称为"file"。对"file"文件夹设置共享，共享名为默认名称，共享权限为"只读"。

（3）操作要求

1）检查网络故障点并排除故障。

2）排除配置信息故障。

3）用相关命令进行连通性测试。

4）正确排除 IE 的设置错误。

5）正确设置文件夹共享。

2. 评分表

试题代码及名称			1.3.6 网络简单维护（六）		
评分要素		配分（分）	分值（分）	评分标准	实际得分（分）
1	排除网线故障	7	7	排除网线的故障，并正确连接网线	
			0	未能排除故障	
2	排除配置信息故障	6	6	正确排除有关的配置信息故障	
			0	未能排除故障	
3	连通性测试	5	5	正确应用并保存	
			3	应用正确，但保存的文件名或路径不正确	
			0	完全错误	
4	排除 IE 设置故障	6	6	正确排除 IE 配置故障	
			0	未能排除故障	

续表

试题代码及名称		1.3.6 网络简单维护（六）			
评分要素		配分（分）	分值（分）	评分标准	实际得分（分）
5	设置文件夹共享	6	6	设置正确	
			4	设置了共享，但有一项错误	
			0	超过一项设置错误	
合计配分		30		合计得分	

二十五、网络简单维护（七）（试题代码：1.3.7）

1. 试题单

（1）操作条件

1）计算机 1 台，模拟 Windows 7 操作系统。

2）路由器 1 台。

（2）操作内容。某公司要组建公司的内部网络，根据设计规划，整个网络按照 T568B 标准组建，请按要求制作网线，配置路由器（假设路由器已经恢复出厂设置）。

1）使用提供的超五类双绞线和水晶头制作直连网线。（选择题）

2）配置路由器 WAN 口 IP 地址为 192.168.100.1/24，网关指向 192.168.100.254，主要 DNS 地址为 192.168.0.100。

3）配置路由器 LAN 口 IP 地址为 192.168.1.1/24。

4）启用路由器的 DHCP 功能，地址分配范围为 192.168.1.100～192.168.1.200。

5）配置 MAC 地址为 68-17-29-06-BD-9B 的机器与 IP 地址 192.168.1.110 绑定。

（3）操作要求

1）正确制作网线。

2）正确设置路由器的 WAN 口 IP 地址。

3）正确设置路由器的 LAN 口 IP 地址。

4）正确配置并启用 DHCP 功能。

5）正确配置网卡物理地址与 IP 地址绑定。

2. 评分表

试题代码及名称				1.3.7 网络简单维护（七）		
评分要素		配分（分）	分值（分）	评分标准		实际得分（分）
1	网线制作	8	8	正确制作		
			4	有一端制作不正确		
			0	未正确制作		
2	WAN 口设置	5	5	正确设置		
			0	未正确设置		
3	LAN 口设置	5	5	正确设置		
			0	未正确设置		
4	启用 DHCP 功能	6	6	正确配置		
			3	启用 DHCP，但地址范围不正确		
			0	未正确配置		
5	配置地址绑定	6	6	正确配置		
			3	IP 地址或 MAC 地址有一项错误		
			0	未正确配置		
合计配分		30		合计得分		

二十六、网络简单维护（八）（试题代码：1.3.8）

1. 试题单

（1）操作条件

1）台式计算机和笔记本式计算机各 1 台。

2）无线路由器 1 台。

（2）操作内容。请做出适当的配置，使家庭终端设备都能方便快捷地接入网络。请完成以下操作。

1）使用路由器出厂 IP 地址 192.168.0.1 登录路由器配置界面，路由器的登录用户名和密码均为"admin"。

2）配置无线路由器的工作模式为"无线路由模式"。

3）配置路由器的外网接口使用 PPPoE 拨号上网方式，用户名为"hkedu"，密码为

"qwe123"。

4）启动路由器的 DHCP 功能，地址范围是 192.168.0.100～192.168.0.105，设置主 DNS 服务器为 202.96.209.133。

5）设置无线网络的名称为"abcwork"，加密方式为"WPA2 加密"，密码为 "0123456789"。

6）将笔记本式计算机接入 abcwork 网络。

7）将无线终端的网络设置为自动获取，查看 IP 的配置结果并显示在屏幕上。

（3）操作要求

1）登录无线路由器。

2）正确设置路由器的外网口。

3）正确设置路由器的 DHCP 功能。

4）正确设置无线终端接入网络，正确显示无线终端的网络配置。

2. 评分表

试题代码及名称				1.3.8 网络简单维护（八）	
评分要素		配分（分）	分值（分）	评分标准	实际得分（分）
1	登录无线路由器	5	3	使用正确的 IP 地址登录路由器	
			2	登录路由器的用户名和密码正确	
2	设置路由器外网口	6	2	路由器的工作模式设置正确	
			2	外网口接入方式 PPPoE 设置正确	
			2	路由器 PPPoE 接入的用户名和密码正确	
3	DHCP 设置	9	3	DHCP 功能正确启用	
			3	DHCP 地址范围设置正确	
			3	DNS 地址设置正确	
4	无线设置	10	2	无线网络名设置正确	
			3	加密密码设置正确	
			2	无线终端连入网络正确	
			3	正确显示网络配置	
合计配分		30		合计得分	

二十七、网络简单维护（九）（试题代码：1.3.9）

1. 试题单

（1）操作条件。计算机 1 台。

（2）操作内容。家庭接入城市光网后，网速比原来提升很多，但是原来的路由器不包含无线功能，笔记本式计算机和智能手机都无法接入网络。现在新购买了 1 台无线路由器，该设备的 IP 地址（192.168.1.1）与原有路由器冲突。请做出适当的配置，使家庭无线终端设备都能接入网络。请完成以下操作。

1）使用路由器出厂 IP 地址（192.168.1.1）登录路由器配置界面，路由器的登录用户名为 "admin"，密码为 "135"。

2）配置无线路由器的工作模式为 "无线路由模式"。

3）外网接口使用自动获取 IP。

4）修改内网口 IP 地址为 192.168.0.1，设置 DNS 服务器为 202.96.209.133。

5）设置无线网络的名称为 "xyzhome"，加密方式为 "WPA 加密"，密码为 "321"。

6）将笔记本式计算机接入 xyzhome 网络。

7）将无线终端的 IP 地址设为 192.168.0.2，网关设为 192.168.0.1，DNS 服务器设为 202.96.209.133，查看网络配置的结果并显示在屏幕上。

（3）操作要求

1）登录无线路由器。

2）正确设置路由器的外网口和内网口。

3）正确设置无线终端接入网络，并正确配置，正确显示无线终端的网络配置。

2. 评分表

试题代码及名称			1.3.9 网络简单维护（九）	
评分要素	配分（分）	分值（分）	评分标准	实际得分（分）
1　登录无线路由器	5	3	使用正确的 IP 地址登录路由器	
		2	登录路由器的用户名和密码正确	

续表

试题代码及名称				1.3.9 网络简单维护（九）	
评分要素		配分 （分）	分值 （分）	评分标准	实际得分 （分）
2	设置路由器外网口和内网口	10	3	路由器的工作模式设置正确	
			3	路由器的外网口接入方式设置正确	
			2	路由器的内网口 IP 地址设置正确	
			2	路由器的内网口 DNS 地址设置正确	
3	无线设置	15	3	无线网络名称设置正确	
			3	无线终端连入网络正确	
			2	无线终端的 IP 设置正确	
			2	无线终端的网关设置正确	
			2	无线终端的 DNS 设置正确	
			3	正确显示无线终端的网络配置	
合计配分		30		合计得分	

第3部分

操作技能考核模拟试卷

国家职业资格鉴定

计算机操作（四级）操作技能考核通知单

注 意 事 项

1. 考生根据操作技能考核通知单中所列的试题做好考核准备。

2. 请考生仔细阅读试题单中具体考核内容和要求，并按要求完成操作或进行笔答或口答，若有笔答请考生在答题卷上完成。

3. 操作技能考核时要遵守考场纪律，服从考场管理人员指挥，以保证考核安全顺利进行。

注：操作技能鉴定试题评分表及答案是考评员对考生考核过程及考核结果的评分记录表，也是评分依据。

姓名：

准考证号：

考核日期：

试题 1

试题代码：1.1.10。

试题名称：硬件维护（十）。

配分：15 分。

试题 2

试题代码：1.2.10。

试题名称：系统软件维护（十）。

配分：55 分。

试题 3

试题代码：1.3.10。

试题名称：网络简单维护（十）。

配分：30 分。

注：本模块总计考核时间为 90 min。

计算机操作（四级）操作技能鉴定

试　题　单

试题代码：1. 1. 10。

试题名称：硬件维护（十）。

1. 操作条件

（1）计算机 1 台。

（2）模拟主板配备 Phoenix-AwardBIOS 芯片硬件环境。

2. 操作内容

根据下列要求做出正确的回答。

（1）识别计算机常用接口，找出音频接口连接设备，并选出相应的插头和插座。

（2）配置 Phoenix-AwardBIOS 主板的计算机在开机时发出无声音无显示报警，请对该计算机进行判断和检修，使其能正常通过自检。

（3）屏幕显示"Press F1 to continue, DEL to enter SETUP"字样，请判断现象并排除故障。

3. 操作要求

（1）识别计算机常用接口，并正确连接。

（2）判断报警故障类型，并正确排除。

（3）判断开机故障提示，并正确排除。

计算机操作（四级）操作技能鉴定

试题评分表及答案

考生姓名：　　　　　　　　准考证号：

1. 试题评分表

试题代码及名称		1.1.10 硬件维护（十）			
编号	评分要素	配分（分）	分值（分）	评分标准	实际得分（分）
1	计算机常用接口识别	5	2	判断所接外部设备正确	
			1.5	判断插头图示正确	
			1.5	判断插座图示正确	
2	开机故障判断	5	2.5	判断故障正确	
			2.5	解决方法正确	
3	开机故障提示排除	5	2.5	判断开机故障提示正确	
			2.5	解决方法正确	
合计配分		15		合计得分	

考评员（签名）：

2. 出题思路及参考答案

（1）计算机常用接口的识别

所接外部设备	插头图示	插座图示	正确答案
电话机、MODEM 等	RJ45 插头 .jpg	RJ45 插座 .jpg	
		RJ11 插座 .jpg	
		USB 插座 .jpg	
	RJ11 插头 .jpg	RJ45 插座 .jpg	1. 音箱、话筒、耳机等
		RJ11 插座 .jpg	2. 音频插头 .jpg，音频插座 .jpg
		USB 插座 .jpg	
	USB 插头 .jpg	RJ45 插座 .jpg	
		RJ11 插座 .jpg	
		USB 插座 .jpg	

续表

所接外部设备	插头图示	插座图示	正确答案
电视机等	PS2 鼠标插头 .jpg	PS2 鼠标插座 .jpg	
		PS2 键盘插座 .jpg	
		S-Video 插座 .jpg	
	PS2 键盘插头 .jpg	PS2 鼠标插座 .jpg	
		PS2 键盘插座 .jpg	
		S-Video 插座 .jpg	
	S-Video 插头 .jpg	PS2 鼠标插座 .jpg	
		PS2 键盘插座 .jpg	
		S-Video 插座 .jpg	
数码设备、光驱等	IEEE 1394 数据线 .jpg	IEEE 1394 插座 .jpg	
		音频插座 .jpg	
		S-Video 插座 .jpg	
	音频插头 .jpg	IEEE 1394 插座 .jpg	
		音频插座 .jpg	
		S-Video 插座 .jpg	
	S-Video 插头 .jpg	IEEE 1394 插座 .jpg	
		音频插座 .jpg	
		S-Video 插座 .jpg	
音箱、话筒、耳机等	IEEE 1394 数据线 .jpg	IEEE 1394 插座 .jpg	
		音频插座 .jpg	
		S-Video 插座 .jpg	
	音频插头 .jpg	IEEE 1394 插座 .jpg	
		音频插座 .jpg	
		S-Video 插座 .jpg	
	S-Video 插头 .jpg	IEEE 1394 插座 .jpg	
		音频插座 .jpg	
		S-Video 插座 .jpg	

（2）Phoenix-AwardBIOS 报警故障

报警声	判断原因	解决方法	正确答案
无声音无显示	显示器或显卡错误	显示器与显卡没连接好	1. 电源故障 2. 更换电源或 BIOS 重置
		显卡接触不良	
		显示器电源没开	
	键盘控制器错误	检查键盘数据线	
		检查主板	
		检查键盘	
	主板 BIOS 的 Flash RAM 或 EPROM 错误	更换主板	
		更换电池	
		更换 BIOS	
	电源故障	更换电源线	
		更换电源或 BIOS 重置	
		更换电源插座	

（3）开机提示故障

开机故障提示	中文解释	解决方法
Press F1 to continue, DEL to enter SETUP	按"F1"继续，按"Delete"进入设置	使用磁盘医生对分区表修复
		进入 BIOS，将 BIOS 恢复到出厂设置
		先恢复 BIOS 的出厂设置，如果仍出现该问题，有可能是 BIOS 芯片出现问题，联系售后
		最大的可能是主板电池没电，进行更换。如果更换后还出现该问题，在 BIOS 里将软驱关闭，然后设置第一启动项为硬盘

计算机操作（四级）操作技能鉴定

试 题 单

试题代码：1.2.10。

试题名称：系统软件维护（十）。

1. 操作条件

（1）计算机1台。

（2）模拟 Windows 7 操作系统。

2. 操作内容

某公司的1台计算机需要进行日常维护，请完成以下操作。

（1）在360杀毒软件中设置开机自动启动360杀毒程序，启用自动发送程序错误报告。

（2）在瑞星全功能安全软件中进行木马防御，自动阻止木马运行，但运行"demo.exe"除外。

（3）在瑞星全功能安全软件中制作瑞星安装包，安装包文件名为"C：\ruixing2008.exe"。

（4）创建任务计划：计划名称为"午间广播操"，每周一到周五的上午10：00，播放第九套广播体操，广播体操的音频文件在指定目录中，并设置"只在用户登录时运行"，将计划任务保存为"C：\午间广播操.xml"。

（5）使用 DOS 命令，将 E 盘格式转换为 NTFS 格式。

（6）打开性能监视器，添加 Processor ％ C2 Time 0 实例，图表背景色为第1行第3列的颜色，将设置另存为"C：\监控图像.tsv"。

（7）创建新库"ATA 考试环境"，将"C：\ata"文件夹导入该新库，并设置该新库不在导航窗格中显示。

（8）向桌面添加时钟小工具，选择"时钟6"，时钟名称为"红面钟"，时钟"显示秒针"。

3. 操作要求

（1）在360杀毒软件中进行正确操作。

（2）在瑞星全功能安全软件中进行正确操作（设置木马防御）。

（3）在瑞星全功能安全软件中进行正确操作（制作瑞星安装包）。

（4）创建任务计划。

（5）使用 DOS 命令。

（6）使用性能监视器。

（7）创建新库。

（8）使用桌面小工具。

计算机操作（四级）操作技能鉴定

试题评分表及答案

考生姓名：　　　　　　　准考证号：

试题代码及名称				1.2.10 系统软件维护（十）	
评分要素		配分（分）	分值（分）	评分标准	实际得分（分）
1	系统软件维护	55	6	在 360 杀毒软件中设置正确（进入、设置、确定各 2 分）	
			3	在瑞星全功能安全软件中设置正确（设置、进入白名单、选择白名单文件各 1 分）	
			6	在瑞星全功能安全软件中设置正确（进入瑞星工具、制作、保存各 2 分）	
			12	创建任务计划正确（进入、创建、设置名称、设置频率、设置音频、保存各 2 分）	
			4	格式转换正确（设置 DOS 方式、命令各 2 分）	
			9	性能监视器设置正确（打开监视器 1.5 分、添加实例 2.5 分、设置背景色 2.5 分、保存 2.5 分）	
			6	建库正确（创建、库名设置、显示各 2 分）	
			9	设置时钟小工具（进入 1 分，添加、选择、名称设置、显示各 2 分）	
合计配分		55		合计得分	

考评员（签名）：

计算机操作（四级）操作技能鉴定

试 题 单

试题代码：1.3.10。

试题名称：网络简单维护（十）。

1. 操作条件

计算机1台。

2. 操作内容

某公司申请安装宽带后，服务商提供了调制解调器（modem）和路由器各1台，现在需要制作跳线将这些设备连接起来。请完成以下操作。

（1）选择用于连接路由器和 modem 跳线两端的水晶头样式。

 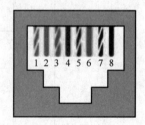

（2）选择与 modem 相连的路由器端口。

（3）选择用于连接路由器和台式计算机跳线两端的水晶头样式。

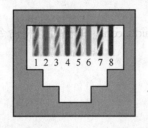

（4）选择与台式计算机相连的路由器端口。

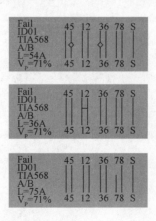

（5）根据错误现象判断跳线故障类型。

（6）跳线连接正确后，使用 ping 命令测试网络的连通性（测试地址 202.96.209.133），直到按下"Ctrl＋C"停止，将命令和测试结果保存在"ping.txt"文件中。

（7）使用 netstat 命令查看所有连接和侦听的端口，将命令和测试结果保存在"netstat.txt"文件中（只要部分结果）。

（8）使用 tracert 命令跟踪到百度页（www.baidu.com）的路径，将命令和测试结果保存在"tracert.txt"文件中（只要部分结果）。

3. 操作要求

1）正确制作跳线。

2）正确判断跳线故障。

3）正确使用网络测试命令。

计算机操作（四级）操作技能鉴定

试题评分表及答案

考生姓名： 准考证号：

试题代码及名称			1.3.10 网络简单维护（十）		
评分要素		配分（分）	分值（分）	评分标准	实际得分（分）
1	跳线制作	12	3	连接路由器和 modem 的跳线选用两个不同的水晶头	
			3	与 modem 相连的路由器端口选择WAN 口	
			3	连接路由器和台式计算机的跳线选用两个 568B 的水晶头	
			3	与台式计算机相连的路由器端口选择 LAN 口中任意一个	
2	跳线故障判断	6	2	第一张图片——串扰	
			2	第二张图片——短路	
			2	第三张图片——开路	
3	网络命令	12	4	ping 命令正确3分，保存正确1分 ping 202.96.209.133-t	
			4	netstat 命令正确3分，保存正确1分 netstat-a	
			4	tracert 命令正确3分，保存正确1分 tracert www.baidu.com	
合计配分		30		合计得分	

考评员（签名）：